揭秘中国·古代四大发明绘

# 走向世界的中国

ZOUXIANG SHIJIE DE ZHONGGUO
ZAOZHISHU

## 造纸术

李航 编

吉林美术出版社 | 全国百佳图书出版单位

在学习和生活中，我们都经常接触到纸。最早的纸，是古时候的中国人制造出来的。造纸术是中国古代的四大发明之一。

　　在中国的西汉时期，布的成分主要是麻纤维。那时候，我们中国人就已经用破布和树皮作为原料，制造出了最早的纸。

　　造纸术的诞生，当然是历史的一大进步，但是，西汉时的造纸技术还不成熟，造出来的纸比较粗糙，并不平滑，不太适合写字。这样的纸，最主要的用途是包东西。

到了东汉时期，一个叫蔡伦的人改进了造纸术，用树皮、麻头、破布、破渔网等原料制造出了质量较好的纸。蔡伦把这种纸献给皇帝，皇帝非常满意，还奖赏了他。

　　蔡伦的造纸方法是这样的：先使各种原料分散成纤维状，再把它们打成纸浆，然后把水渗进去，制成浆液，并弄成薄薄的湿纸。这些湿纸晾干后，就成为纸张了。

蔡侯纸

蔡伦受到了重用，并被封为"龙亭侯"。
由他改进造纸技术而造出来的纸被称为
"蔡侯纸"。

在汉朝之后，人们又用桑皮、藤皮、麦秆、稻秆等作为造纸原料。唐朝时，人们用竹子制造出竹纸，造纸技术又上了一个新台阶。

　　印刷术被发明后，造纸术得到了更大的发展。人们制造出来的纸，质地越来越好，品种也越来越多，除了一般的纸以外，还有宣纸、壁纸、水纹纸及各种彩色蜡纸等。

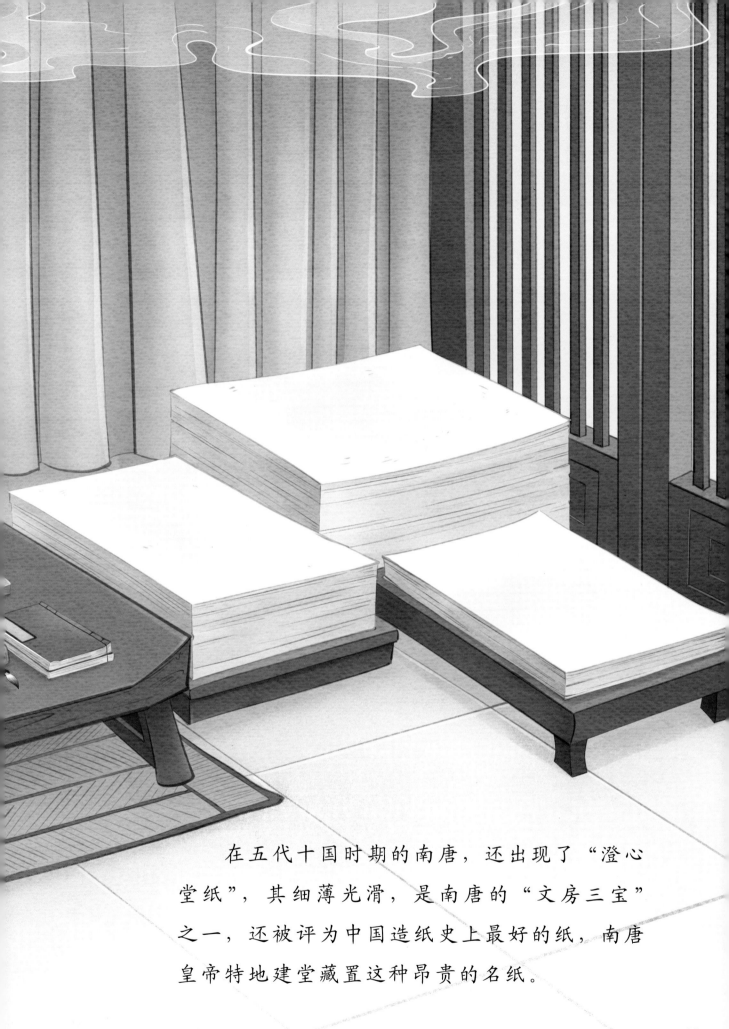

　　在五代十国时期的南唐，还出现了"澄心堂纸"，其细薄光滑，是南唐的"文房三宝"之一，还被评为中国造纸史上最好的纸，南唐皇帝特地建堂藏置这种昂贵的名纸。

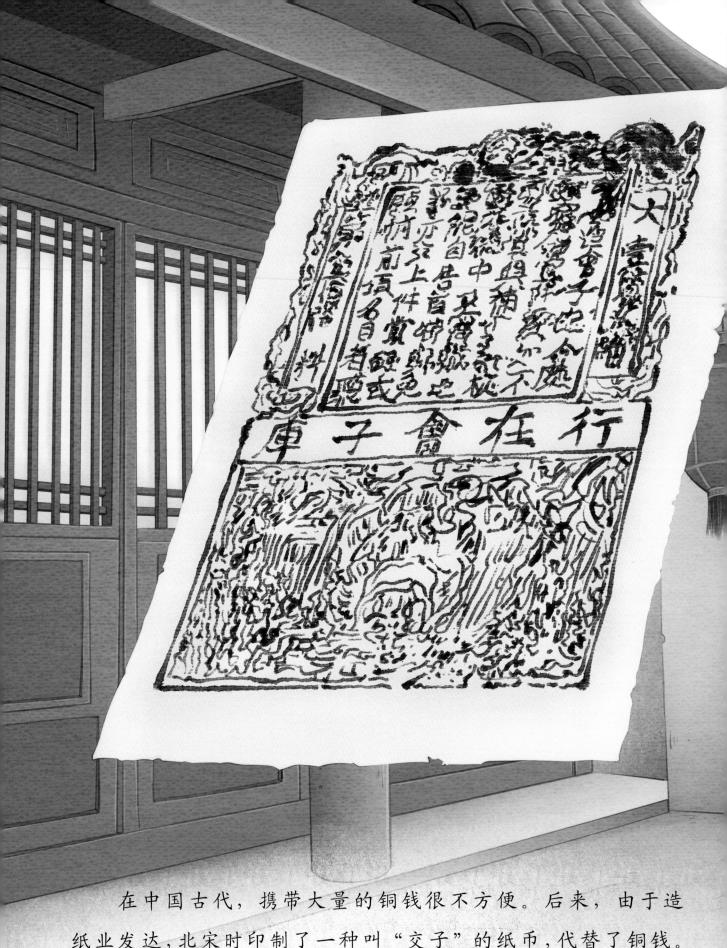

在中国古代，携带大量的铜钱很不方便。后来，由于造纸业发达，北宋时印制了一种叫"交子"的纸币，代替了铜钱。于是，中国成为全世界最早使用纸币的国家。

中国的造纸术最先传到朝鲜和越南。后来，一个朝鲜和尚到了日本，把造纸术献给日本的圣德太子，随后圣德太子下令在全国推广造纸术。

公元 1150 年，掌握了中国造纸术的阿拉伯人在西班牙创立了欧洲最早的造纸厂。后来，欧洲的许多国家也拥有了造纸业。1575 年，西班牙人在墨西哥建起了美洲大陆上最早的造纸厂。

清朝乾隆年间，中国最先进的造纸技术传入法国，并在欧洲传播开来。

　　1797年，法国人以中国造纸术为基础，发明出了机器造纸的新技术。

　　和指南针、火药及活字印刷术一样，造纸术也
是中国古代的伟大发明，它在世界范围内极大地促
进了文化的传播和社会的发展。

图书在版编目（CIP）数据

走向世界的中国造纸术 / 李航编. — 长春 ：吉林
美术出版社，2023.6
　（揭秘中国 ： 古代四大发明绘本）
ISBN 978-7-5575-7866-4

　Ⅰ．①走… Ⅱ．①李… Ⅲ．①造纸工业－技术史－中
国－儿童读物 Ⅳ．①TS7-092

中国国家版本馆CIP数据核字(2023)第012048号

JIEMI ZHONGGUO GUDAI SI DA FAMING HUIBEN

## 揭秘中国·古代四大发明绘本

编　　者　李 航
责任编辑　王 超
开　　本　889mm×1194mm　　1/16
印　　张　7
字　　数　75千字
版　　次　2023年6月第1版
印　　次　2023年6月第1次印刷
出版发行　吉林美术出版社
地　　址　长春市净月开发区福祉大路5788号
　　　　　邮编：130118
网　　址　www.jlmspress.com
印　　刷　武汉福海桑田印务有限责任公司

ISBN　978-7-5575-7866-4　　　定　价　160.00元（全4册）